半小时读懂
中国古代科学名著

斯塔熊 著/绘

九章算术

化学工业出版社

·北京·

图书在版编目（CIP）数据

九章算术 / 斯塔熊著、绘. -- 北京 ：化学工业出
版社，2025. 3. --（半小时读懂中国古代科学名著）.
ISBN 978-7-122-47317-2

Ⅰ . O112

中国国家版本馆CIP数据核字第202528VJ68号

责任编辑：龙　婧　　　　　　　　　　　　责任校对：宋　夏

出版发行：化学工业出版社（北京市东城区青年湖南街13号　邮政编码 100011）
印　　装：中煤（北京）印务有限公司
710mm×1000mm　1/16　印张5¾　字数80千字　2025年5月北京第1版第1次印刷

购书咨询：010-64518888　　　　　　　　售后服务：010-64518899
网　　址：http://www.cip.com.cn
凡购买本书，如有缺损质量问题，本社销售中心负责调换。

定　　价：39.80元　　　　　　　　　　　　　版权所有　违者必究

写给小读者的话

亲爱的小读者，你一定知道中华民族有着光辉灿烂的科技。在相当长的历史时期内，中国古代科技都处于世界领先水平——

《梦溪笔谈》的内容涉及天文、数学、物理、化学、生物、地理、气象、医药、文学、史学、考古、音乐等方面，被誉为"中国科学史上的坐标"。

《天工开物》被称为"中国17世纪生产工艺百科全书"，不但翔实记述了明代居于世界先进水平的科技成就，而且大力弘扬了"天人合一"思想和能工巧匠精神。

《水经注》对江河湖泊、名岳峻峰、亭台楼阁、祠庙碑刻、道观精舍、方言异语、得名之由等都有详细记载，涉及地理学、地名学等诸多学科，是一部百科全书式的典籍。

《九章算术》是中国现存的一部最古老的数学书，它不但开拓了中国数学的发展道路，在世界数学发展史上也占有极其重要的地位。

《徐霞客游记》涉及广阔的科学领域，丰富的科学内容，具有多方面的科学价值，在古代的地理著作中几乎无与伦比。

摆在你面前的这套书，精选古文底本，对全书内容进行了生动流畅的翻译。趣味十足的手绘示意图，让你直观感受到原汁原味的古代科技。同时，本书还广泛征引科普资料，设置精彩的链接知识，与原文相得益彰。

现在，
让我们一起步入古代科技的殿堂
去一览辉煌吧！

九 章

《九章算术》其书

　　在西方数学传入中国之前的很长一段时期，《九章算术》都是中国传统数学的重要教科书之一。其全书问题共分九类，有246问和202术，汇总了中国先秦至汉朝的数学成就，是中国数学体系确立和数学特点形成的核心标志，代表了东方数学的最高水平。

　　本书选取《九章算术》中最具代表性的篇章，让读者通过阅读这部科学史上的名著，感受中国古代劳动人民的智慧和才能。

方田

方田是古代对正方形和长方形田地的统称，本卷涉及的主要是土地面积的计算。自春秋末期开始实行"履亩而税"的租税制度改革后，政府明白了精确丈量田地的重要性。在丈量田地时，除了有正方形、长方形外，还有三角形、梯形等图形，"方田术"就是计算这些图形面积的基础。

原文

【1-1】 今有田广十五步，从十六步。问为田几何？

答曰：一亩。

【1-2】 又有田广十二步，从十四步。问为田几何？

答曰：一百六十八步。

方田术曰：广从步数相乘得积步。

以亩法二百四十步除之，即亩数。百亩为一顷。

译文

【1-1】 假设田的宽是15步，长是16步。问田的面积是多少？

答：1亩。

【1-2】 又假设田的宽是12步，长是14步。问田的面积是多少？

答：168平方步。

计算田地面积的方法（方田术）是：用田长的步数乘以田宽的步数，就可以得到面积的平方步数。

用面积的平方步数除以240，就可以得到亩数。100亩就是1顷。

提示：

长方形的面积
= 长 × 宽
1亩 = 240平方步

现代数学演示：

【1-1】 面积 ＝ 田宽 × 田长

        = 15×16

        = 240（平方步）

        = 1（亩）

【1-2】 面积 ＝ 田宽 × 田长

        = 12×14

        = 168（平方步）

原文

【1-3】 今有田广一里，从一里。问为田几何？

答曰：三顷七十五亩。

【1-4】 又有田广二里，从三里。问为田几何？

答曰：二十二顷五十亩。

里田术曰：广从里数相乘得积里。以三百七十五乘之，即亩数。

提示：

1 里 = 300 步

1 亩 = 240 平方米

1 顷 = 100 亩

1 平方里 = 375 亩 = 3 顷 75 亩

现代数学演示：

【1-3】　面积 = 田宽 × 田长

　　　　 = 1（平方里）

　　　　 = 3 顷 75 亩

【1-4】　面积 = 田宽 × 田长

　　　　 = 2×3

　　　　 = 6（平方里）

　　　　 = 22 顷 50 亩

译文

【1-3】　假设田的宽是 1 里，长是 1 里。问田的面积是多少？

答：3 顷 75 亩。

【1-4】　又假设田的宽是 2 里，长是 3 里。问田的面积是多少？

答：22 顷 50 亩。

计算以里为单位的田地面积的方法（里田术）是：长与宽的里数相乘，可以得到面积的平方里数。用 375 乘这个平方里数，就可以得出亩数。

原文

【1-5】 今有十八分之十二。问约之得几何？

答曰：三分之二。

【1-6】 又有九十一分之四十九。问约之得几何？

答曰：十三分之七。

约分术曰：可半者半之；不可半者，副置分母、子之数，以少减多，更相减损，求其等也。以等数约之。

【1-5】 假设有 $\frac{12}{18}$。问约分的结果是多少？

答：$\frac{2}{3}$。

【1-6】 又假设有 $\frac{49}{91}$。问约分的结果是多少？

答：$\frac{7}{13}$。

约分算法：分子、分母都是偶数的可以用 2 约简；否则，将分母与分子列在一起，然后用大数去减小数，将差与上一步的减数再次相减，不断重复，直到差与减数相等为止，这个相等的数字，就是它们的最大公约数。然后，就可以用最大公约数去约简分子与分母了。

现代数学演示：

【1-6】 分子 49 和分母 91 都不是偶数，用大数减去小数，并辗转相减。

91−49=42

49−42=7

42−7=35

35−7=28

28−7=21

21−7=14

14−7=7

此时，减数和差都是 7，则 7 是原分子、分母的最大公约数。

原文

【1-7】 今有三分之一，五分之二。问合之得几何？

答曰：十五分之十一。

【1-8】 又有三分之二，七分之四，九分之五。问合之得几何？

答曰：得一、六十三分之五十。

【1-9】 又有二分之一，三分之二，四分之三，五分之四。问合之得几何？

答曰：得二、六十分之四十三。

合分术曰：母互乘子，并以为实，母相乘为法，实如法而一，不满法者，以法命之。其母同者，直相从之。

【1-7】 假设有 $\dfrac{1}{3}$，$\dfrac{2}{5}$。问它们相加的和是多少？

答：$\dfrac{11}{15}$。

【1-8】 又假设有 $\dfrac{2}{3}$，$\dfrac{4}{7}$ 和 $\dfrac{5}{9}$。问它们相加的和是多少？

答：$1\dfrac{50}{63}$。

【1-9】 又假设有 $\dfrac{1}{2}$，$\dfrac{2}{3}$，$\dfrac{3}{4}$ 和 $\dfrac{4}{5}$。问它们相加的和是多少？

答：$2\dfrac{43}{60}$。

分数相加算法：用每个分数的分子去乘其他分数的分母，得到的这些乘积加起来作为被除数，所有分母相乘的积作为除数，用被除数除以除数。除不尽的，就把余数作为分子，把除数作为分母，得到一个分数。如果所有分数的分母都相同，那就直接将所有分子相加。

现代数学演示：

【1-7】 $\dfrac{1}{3} + \dfrac{2}{5} = \dfrac{1\times5+2\times3}{3\times5} = \dfrac{11}{15}$

【1-8】 $\dfrac{2}{3} + \dfrac{4}{7} + \dfrac{5}{9} = \dfrac{2\times7\times9+4\times3\times9+5\times3\times7}{3\times7\times9} = 1\dfrac{50}{63}$

【1-9】 $\dfrac{1}{2} + \dfrac{2}{3} + \dfrac{3}{4} + \dfrac{4}{5} = \dfrac{1\times3\times4\times5+2\times2\times4\times5+3\times2\times3\times5+4\times2\times3\times4}{2\times3\times4\times5} = 2\dfrac{43}{60}$

【1-10】 今有九分之八，减其五分之一。问余几何？

答曰：四十五分之三十一。

【1-11】 又有四分之三，减其三分之一。问余几何？

答曰：十二分之五。

减分术曰：母互乘子，以少减多，余为实，母相乘为法，实如法而一。

【1-10】 假设有 $\dfrac{8}{9}$ ，减去 $\dfrac{1}{5}$ 。问余数是多少？

答： $\dfrac{31}{45}$ 。

【1-11】 又假设有 $\dfrac{3}{4}$ ，减去 $\dfrac{1}{3}$ 。问余数是多少？

答： $\dfrac{5}{12}$ 。

分数相减算法：用每个分数的分子去乘其他分数的分母，得到的这些乘积再相减，差作为被除数；所有分母相乘的积作为除数，用被除数除以除数，就可以得到结果。

现代数学演示：

【1-10】 $\dfrac{8}{9} - \dfrac{1}{5} = \dfrac{8 \times 5 - 1 \times 9}{9 \times 5} = \dfrac{31}{45}$

【1-11】 $\dfrac{3}{4} - \dfrac{1}{3} = \dfrac{3 \times 3 - 1 \times 4}{4 \times 3} = \dfrac{5}{12}$

　　粟，也就是北方俗称的谷子，去壳后可得到小米，是商周时期的重要粮食作物。随着农作物品种的增多，人们就有了交换的需求。本卷介绍的主要是不同物品如何互换的问题，建立了比例计算的基本算法。卷首规定了不同农作物间的交换比率，并给出了物物交换的一般算法，即"今有术"，是根据"所求率∶所有率＝所求数∶所有数"的关系来求得的。

粟米

原文

粟米之法：粟率五十　粝米三十　粺米二十七　糳米二十四　御米二十一　小䵄十三半　大䵄五十四　粝饭七十五　粺饭五十四　糳饭四十八　御饭四十二　菽、荅、麻、麦各四十五　稻六十　豉六十三　飧九十　熟菽一百三半　蘖一百七十五

　　今有术曰：以所有数乘所求率为实，以所有率为法，实如法而一。

关于粟米兑换的法定标准：

粟米：以五十份粟米为基准。

粝米：三十份粝米相当于五十份粟米。

粺米：二十七份粺米相当于五十份粟米。

糳米：二十四份糳米相当于五十份粟米。

御米：二十一份御米相当于五十份粟米。

小䴰：十三份半小䴰相当于五十份粟米。

大䴰：五十四份大䴰相当于五十份粟米。

粝饭：七十五份粝饭相当于五十份粟米。

粺饭：五十四份粺饭相当于五十份粟米。

糳饭：四十八份糳饭相当于五十份粟米。

御饭：四十二份御饭相当于五十份粟米。

菽、荅、麻、麦：四十五份菽、荅、麻或麦都相当于五十份粟米。

稻：六十份稻相当于五十份粟米。

豉：六十三份豉相当于五十份粟米。

飧：九十份飧相当于五十份粟米。

熟菽：一百零三份半熟菽相当于五十份粟米。

糵：一百七十五份糵相当于五十份粟米。

今有术算法：用拥有物的数量去乘想得到物的交换率，积作为被除数，以拥有物的交换率作为除数，用被除数除以除数。

提示：

粟：谷子，去壳后叫小米。

粝米：（小米的）粗米。

粺米：1斗粗米可舂出9升粺米，俗称九折米。1斗 =10升

糳米：舂过的精米，俗称八折米。

御米：帝王用的上等精米。

小䴰（小黍）：麦屑，小一些的。

大䴰（大黍）：麦屑，大一些的。

粝饭：粝米煮的饭。

粺饭：粺米煮的饭。

糳饭：糳米煮的饭。

菽：大豆。

荅：小豆。

麻：芝麻。

麦：麦子。

稻：水稻。

豉：豆豉。

飧：水泡饭。

熟菽：熟大豆。

糵：酿酒用的发酵剂，俗称酒母。

【2-1】 今有粟一斗，欲为粝米。问得几何?

答曰：为粝米六升。

术曰：以粟求粝米，三之，五而一。

【2-2】 今有粟二斗一升，欲为粺米。问得几何?

答曰：为粺米一斗一升、五十分升之十七。

术曰：以粟求粺米，二十七之，五十而一。

【2-1】 假设有 1 斗粟，要换成粝米。问能换多少？

答：能换 6 升粝米。

算法：已知粟米数量求粝米数量，用粟米数量乘 3，再除以 5 即可。

【2-2】 假设有 2 斗 1 升粟米，要换成粺米。问能换多少？

答：能换 1 斗 1 $\frac{17}{50}$ 升粺米。

算法：已知粟米数量求粺米数量，用粟米数量乘 27，再除以 50 即可。

现代数学演示：

【2-1】 粝米数量 $= \dfrac{粟米数量 \times 3}{5} = \dfrac{3}{5}$（斗）$= 6$（升）

【2-2】 粺米数量 $= \dfrac{粟米数量 \times 27}{50} = \dfrac{567}{50}$（升）$= 1$ 斗 $1\frac{17}{50}$ 升

原文

【2-3】 今有粟四斗五升，欲为糳米。问得几何？

答曰：为糳米二斗一升、五分升之三。

术曰：以粟求糳米，十二之，二十五而一。

【2-4】 今有粟七斗九升，欲为御米。问得几何？

答曰：为御米三斗三升，五十分升之九。

术曰：以粟求御米，二十一之，五十而一。

【2-5】 今有粟一斗，欲为小䵆。问得几何？

答曰：为小䵆二升、一十分升之七。

术曰：以粟求小䵆，二十七之，百而一。

【2-3】 假设有4斗5升粟米，要换成粺米。问能换多少？

答：能换2斗1$\frac{3}{5}$升粺米。

算法：已知粟米数量求粺米数量，用粟米数量乘12，再除以25即可。

【2-4】 假设有7斗9升粟米，要换成御米。问能换多少？

答：能换3斗3$\frac{9}{50}$升御米。

算法：已知粟米数量求御米数量，用粟米数量乘21，再除以50即可。

【2-5】 假设有1斗粟米，要换成小䵂。问能换多少？

答：能换2$\frac{7}{10}$升小䵂。

算法：已知粟米数量求小䵂数量，用粟米数量乘27，再除以100即可。

现代数学演示：

【2-3】 粺米数量 $= \dfrac{粟米数量 \times 12}{25} = \dfrac{108}{5}$（升）$= 2$斗$1\dfrac{3}{5}$升

【2-4】 御米数量 $= \dfrac{粟米数量 \times 21}{50} = \dfrac{1659}{50}$（升）$= 3$斗$3\dfrac{9}{50}$升

【2-5】 小䵂数量 $= \dfrac{粟米数量 \times 27}{100} = \dfrac{27}{10}$（升）$= 2\dfrac{7}{10}$（升）

原文

【2-6】 今有粟九斗八升，欲为大麮。问得几何？

答曰：为大麮一十斗五升、二十五分升之二十一。

术曰：以粟求大麮，二十七之，二十五而一。

【2-7】 今有粟二斗三升，欲为粝饭。问得几何？

答曰：为粝饭三斗四升半。

术曰：以粟求粝饭，三之，二而一。

【2-8】 今有粟三斗六升，欲为粺饭。问得几何？

答曰：为粺饭三斗八升、二十五分升之二十二。

术曰：以粟求粺饭，二十七之，二十五而一。

【2-6】 假设有9斗8升粟米，要换成大䵂。问能换多少？

答：能换10斗5$\frac{21}{25}$升大䵂。

算法：已知粟米数量求大䵂数量，用粟米数量乘27，再除以25即可。

【2-7】 假设有2斗3升粟，要换成粝饭。问能换多少？

答：能换3斗4$\frac{1}{2}$升粝饭。

算法：已知粟米数量求粝饭数量，用粟米数量乘3，再除以2即可。

【2-8】 假设有3斗6升粟米，要换成稗饭。问能换多少？

答：能换3斗8$\frac{22}{25}$升稗饭。

算法：已知粟米数量求稗饭数量，用粟米数量乘27，再除以25即可。

现代数学演示：

【2-6】 大䵂数量 $= \dfrac{粟米数量 \times 27}{25} = \dfrac{2646}{25}$（升）$= 10$斗$5\frac{21}{25}$升

【2-7】 粝饭数量 $= \dfrac{粟米数量 \times 3}{2} = \dfrac{69}{2}$（升）$= 3$斗$4\frac{1}{2}$升

【2-8】 稗饭数量 $= \dfrac{粟米数量 \times 27}{25} = \dfrac{972}{25}$（升）$= 3$斗$8\frac{22}{25}$升

【2-9】 今有粟八斗六升，欲为糳饭。问得几何？

答曰：为糳饭八斗二升、二十五分升之一十四。

术曰：以粟求糳饭，二十四之，二十五而一。

【2-10】 今有粟九斗八升，欲为御饭。问得几何？

答曰：为御饭八斗二升、二十五分升之八。

术曰：以粟求御饭，二十一之，二十五而一。

【2-11】 今有粟三斗少半升，欲为菽。问得几何？

答曰：为菽二斗七升、一十分升之三。

（术曰：以粟求菽、荅、麻、麦，皆九之，十而一。）

【2-9】 假设有8斗6升粟米,要换成糳饭。问能换多少?

答:能换8斗$2\frac{14}{25}$升糳饭。

算法:已知粟米数量求糳饭数量,用粟米数量乘24,再除以25即可。

【2-10】 假设有9斗8升粟米,要换成御饭。问能换多少?

答:能换8斗$2\frac{8}{25}$升御饭。

算法:已知粟米数量求御饭数量,用粟米数量乘21,再除以25即可。

【2-11】 假设有3斗$\frac{1}{3}$升粟米,要换成菽。问能换多少?

答:能换2斗$7\frac{3}{10}$升菽。

(算法:已知粟米数求菽数、荅数、麻数、麦数,用粟米数乘9,再除以10即可。)

现代数学演示:

【2-9】 糳饭数量 $= \dfrac{粟米数量 \times 24}{25} = \dfrac{2064}{25}$(升)$= 8斗2\frac{14}{25}$升

【2-10】 御饭数量 $= \dfrac{粟米数量 \times 21}{25} = \dfrac{2058}{25}$(升)$= 8斗2\frac{8}{25}$升

【2-11】 菽数量 $= \dfrac{粟米数量 \times 9}{10} = \dfrac{273}{10}$(升)$= 2斗7\frac{3}{10}$升

提示:

少半是不到一半,这里指1/3。

衰分

衰(cuī)是指从大到小按一定的标准递减，衰分就是按照一定的等级进行分配。

秦汉时期，爵位有20级，文中的公士、上造、簪袅、不更、大夫分别是第一至五级，在分配物品时，爵位高的人多得，爵位低的人少得，这就是衰分；但在缴纳赋税时，爵位高的人少出，爵位低的人多出，这就是反衰。

本卷除了介绍按比例分配外，还介绍了物品交换、租赁等民生问题。

衰分术曰：各置列衰，副并为法；以所分乘未并者各自为实；实如法而一。不满法者，以法命之。

【3-1】 今有大夫、不更、簪袅、上造、公士，凡五人，共猎得五鹿，欲以爵次分之。问各得几何？

答曰：大夫得一鹿、三分鹿之二；不更得一鹿、三分鹿之一；簪袅得一鹿；上造得三分鹿之二；公士得三分鹿之一。

术曰：列置爵数，各自为衰；副并为法；以五鹿乘未并者，各自为实；实如法得一鹿。

衰分算法：把参与分配的比数按次序排列出来，把所有比数的和作为除数，用要分配的总数乘各自的比数作为被除数。用被除数除以除数，除不尽的，就写成分数。

【3-1】 假设有五个人去打猎，分别是大夫（五级爵位）、簪袅（三级爵位）、不更（四级爵位）、上造（二级爵位）、公士（一级爵位）。他们猎得5只鹿，要按爵位高低进行分配。问他们每人能分到多少鹿？

答：大夫分到 $1\frac{2}{3}$ 只鹿；不更分到 $1\frac{1}{3}$ 只鹿；簪袅分到 1 只鹿；上造分到 $\frac{2}{3}$ 只鹿；公士分到 $\frac{1}{3}$ 只鹿。

算法：依次列出爵位数，作为分配比数；把这些比数的和作为除数；用鹿数5乘各自的比数，作为被除数，用被除数除以除数，便可求得每个人应该分到的鹿。

现代数学演示：

	大夫	不更	簪袅	上造	公士
爵位数	五	四	三	二	一
分配比数	5	4	3	2	1

大夫分鹿 $= \dfrac{\text{鹿数} \times 5}{5+4+3+2+1} = 1\frac{2}{3}$（只）

不更分鹿 $= \dfrac{\text{鹿数} \times 4}{5+4+3+2+1} = 1\frac{1}{3}$（只）

簪袅分鹿 $= \dfrac{\text{鹿数} \times 3}{5+4+3+2+1} = 1$（只）

上造分鹿 $= \dfrac{\text{鹿数} \times 2}{5+4+3+2+1} = \frac{2}{3}$（只）

公士分鹿 $= \dfrac{\text{鹿数} \times 1}{5+4+3+2+1} = \frac{1}{3}$（只）

原文

【3-2】 今有牛、马、羊食人苗。苗主责之粟五斗。羊主曰："我羊食半马。"马主曰："我马食半牛。"今欲衰偿之。问各出几何？

答曰：牛主出二斗八升、七分升之四；马主出一斗四升、七分升之二；羊主出七升、七分升之一。

术曰：置牛四、马二、羊一，各自为列衰；副并为法；以五斗乘未并者各自为实；实如法得一斗。

【3-2】 假设有牛、马、羊同时吃了农民的禾苗。现在禾苗的主人要索赔5斗粟。羊主人说："我的羊食量只有马的一半。"马主人说："我的马食量只有牛的一半。"现在要按比例赔偿。问牛、马、羊的主人应各出多少粟?

答: 牛主人出2斗8$\frac{4}{7}$升粟; 马主人出1斗4$\frac{2}{7}$升粟; 羊主人出7$\frac{1}{7}$升粟。

算法: 选取4、2、1作为牛、马、羊的分配比数; 把这三个数加起来, 和作为除数; 用要赔偿的粟的斗数5去乘它们各自的比数, 作为被除数, 用被除数除以除数, 就可以求得各自应该出的粟的斗数。

现代数学演示:

	牛	马	羊
分配比数	4	2	1

牛主人应出粟 $= \dfrac{50 \times 4}{4+2+1} = \dfrac{200}{7}$ 升 $= 2$ 斗 $8\dfrac{4}{7}$ 升

马主人应出粟 $= \dfrac{50 \times 2}{4+2+1} = \dfrac{100}{7}$ 升 $= 1$ 斗 $4\dfrac{2}{7}$ 升

羊主人应出粟 $= \dfrac{50 \times 1}{4+2+1} = \dfrac{50}{7}$ 升 $= 7\dfrac{1}{7}$ (升)

【3-3】 今有甲持钱五百六十，乙持钱三百五十，丙持钱一百八十，凡三人俱出关。关税百钱，欲以钱数多少衰出之。问各几何？

答曰：甲出五十一钱、一百九分钱之四十一；乙出三十二钱、一百九分钱之一十二；丙出一十六钱、一百九分钱之五十六。

术曰：各置钱数为列衰；副并为法；以百钱乘未并者，各自为实；实如法得一钱。

26

【3-3】 假设甲有钱 560，乙有钱 350，丙有钱 180，三个人结伴出关。关税一共是 100 钱，要按每人带钱的比例交税。问他们应各付多少钱?

答：甲应付 $51\frac{41}{109}$ 钱；乙应付 $32\frac{12}{109}$ 钱；丙应付 $16\frac{56}{109}$ 钱。

算法：把他们各自持有的钱数作为分配比数；将这些比数的和作为除数；用钱数 100 乘各自的比数，作为被除数，用被除数除以除数，就可以求得每人应付的钱数。

现代数学演示:

	甲	乙	丙
分配比数	560	350	180

$$甲应交税 = \frac{100 \times 560}{560+350+180} = \frac{5600}{109} = 51\frac{41}{109} （钱）$$

$$乙应交税 = \frac{100 \times 350}{560+350+180} = \frac{3500}{109} = 32\frac{12}{109} （钱）$$

$$丙应交税 = \frac{100 \times 180}{560+350+180} = \frac{1800}{109} = 16\frac{56}{109} （钱）$$

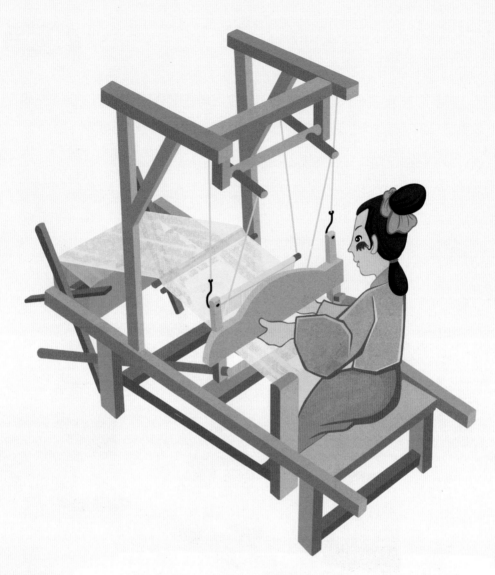

原文

【3-4】 今有女子善织，日自倍，五日织五尺。问日织几何？

答曰：初日织一寸、三十一分寸之十九；次日织三寸、三十一分寸之七；次日织六寸、三十一分寸之十四；次日织一尺二寸、三十一分寸之二十八；次日织二尺五寸、三十一分寸之二十五。

术曰：置一、二、四、八、十六为列衰；副并为法；以五尺乘未并者，各自为实；实如法得一尺。

提示：

1 尺 = 10 寸

【3-4】 假设有一名女子擅长织布，每天织布的长度都会加倍增长，5 天时间一共织出 5 尺布。问她每天分别织出多少布？

答：这名女子第一天织布 $1\frac{19}{31}$ 寸；第二天织布 $3\frac{7}{31}$ 寸；第三天织布 $6\frac{14}{31}$ 寸；第四天织布 1 尺 $2\frac{28}{31}$ 寸；第五天织布 2 尺 $5\frac{25}{31}$ 寸。

算法：选取 1、2、4、8、16 作为这五天的分配比数；将这些数的和作为除数；用总共的布长 5 去乘每天的比数，作为被除数，用被除数除以除数，就可以求得她每天织布的长度。

现代数学演示：

	第一天	第二天	第三天	第四天	第五天
分配比数	1	2	4	8	16

第一天织布 $= \dfrac{50\times1}{1+2+4+8+16} = \dfrac{50}{31}$ 寸 $= 1\frac{19}{31}$（寸）

第二天织布 $= \dfrac{50\times2}{1+2+4+8+16} = \dfrac{100}{31}$ 寸 $= 3\frac{7}{31}$（寸）

第三天织布 $= \dfrac{50\times4}{1+2+4+8+16} = \dfrac{200}{31}$ 寸 $= 6\frac{14}{31}$（寸）

第四天织布 $= \dfrac{50\times8}{1+2+4+8+16} = \dfrac{400}{31}$ 寸 $= 1$ 尺 $2\frac{28}{31}$ 寸

第五天织布 $= \dfrac{50\times16}{1+2+4+8+16} = \dfrac{800}{31}$ 寸 $= 2$ 尺 $5\frac{25}{31}$ 寸

原文

【3-5】 今有北乡算八千七百五十八，西乡算七千二百三十六，南乡算八千三百五十六，凡三乡，发徭三百七十八人，欲以算数多少衰出之。问各几何？

答曰：北乡遣一百三十五人、一万二千一百七十五分人之一万一千六百三十七；西乡遣一百一十二人、一万二千一百七十五分人之四千四。南乡遣一百二十九人、一万二千一百七十五分人之八千七百九。

术曰：各置算数为列衰，副并为法；以所发徭人数乘未并者，各自为实；实如法得一人。

30

【3-5】 假设北乡共有8758"算"（秦和西汉初期分配徭役与摊派赋税的计量单位），西乡共有7236"算"，南乡共有8356"算"，三乡总共要派徭役378人，现在按"算"数的比例出人。问每乡应派多少人？

答：北乡派 $135\frac{11637}{12175}$ 人；西乡派 $112\frac{4004}{12175}$ 人；南乡派 $129\frac{8709}{12175}$ 人。

算法：列出每个乡的"算"数作为分配比数；将它们的和作为除数；用要派徭役的总人数去乘各自的比数，作为被除数，用被除数除以除数，就可以求得每乡应该派的人数。

现代数学演示：

	北乡	西乡	南乡
分配比数	8758	7236	8356

北乡应派人数 $= \dfrac{378\times8758}{8758+7236+8356} = \dfrac{1655262}{12175} = 135\frac{11637}{12175}$（人）

西乡应派人数 $= \dfrac{378\times7236}{8758+7236+8356} = \dfrac{1367604}{12175} = 112\frac{4004}{12175}$（人）

南乡应派人数 $= \dfrac{378\times8356}{8758+7236+8356} = \dfrac{1579284}{12175} = 129\frac{8709}{12175}$（人）

少广

在古代，长方形相邻的两条边分别被称为"广"和"从"，其中"广"为宽度，"从"为长度。古人规定面积为一亩的田，"广"是十五步，"从"是十六步。少广就是指田的面积固定为1亩不变，"广"少量增长，"从"会发生什么变化的问题。

少广（shǎo）术曰：置全步及分母子，以最下分母遍乘诸分子及全步，各以其母除其子，置之于左。命通分者，又以分母遍乘诸分子及已通者，皆通而同之，并之为法。置所求步数，以全步积分乘之为实。实如法而一，得从步。

【4-1】今有田广一步半，求田一亩。问从几何？

答曰：一百六十步。

术曰：下有半，是二分之一。以一为二，半为一，并之得三，为法。置田二百四十步，亦以一为二乘之，为实。实如法得从步。

少广算法：列出整步数和不是整步数的分母、分子，用最下面的分母分别乘所有分子和整步数，各自用分母去约其分子，所得的结果放在左边。从下到上依次让要通分的分数，用分母分别乘各分子及已经通分过的整数，逐个照这样的方法去通分。用全部约分后所得的整数之和作为除数；列出所求田面积的平方步数，用化全步数时所乘的数（也就是公分母）与它相乘作为被除数；用被除数除以除数，就可以求得田长的步数。

【4-1】 假设田宽是 $1\frac{1}{2}$ 步，要求计算出 1 亩这样的田地有多长。

答：田长应该是 160 步。

算法：半就是 $\frac{1}{2}$。按少广术通约，把 1 化为 2，$\frac{1}{2}$ 化为 1，相加得 3，作为除数；田的面积平方步数是 240，用化 1 时所乘的 2 去乘它，作为被除数，用被除数除以除数，就可以求得田长的步数。

现代数学演示：

全步	子	母
1		
	1	2

$\rightarrow$

全步	子	母
1×2=2		
	1×2=2	2

$\rightarrow$

全步	子	母
2		
2÷2=1		

除数 = 2+1=3

被除数 = 240×2 = 480

田长 = 480÷3 = 160（步）

33

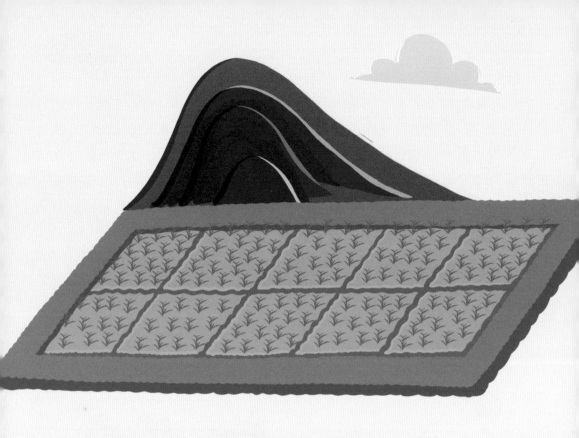

【4-2】 今有田广一步半、三分步之一，求田一亩。问从几何?

答曰: 一百三十步、一十一分步之一十。

术曰: 下有三分。以一为六，半为三，三分之一为二，并之得一十一，以为法。置田二百四十步，亦以一为六乘之，为实。实如法得从步。

【4-2】 假设田宽是 $1+\dfrac{1}{2}+\dfrac{1}{3}$ 步，要求计算出 1 亩这样的田地有多长。

答：田长应该是 $130\dfrac{10}{11}$ 步。

算法：列在最下方的分母是 3。按少广术通约将 1 化为 6，$\dfrac{1}{2}$ 化为 3，$\dfrac{1}{3}$ 化为 2，相加得 11，作为除数；田的面积平方步数是 240，用化 1 时所乘的 6 去乘它，作为被除数，用被除数除以除数，就可以求得田长的步数。

现代数学演示：

全步	子	母
1		
	1	2
	1	3

→

全步	子	母
1×3=3		
	1×3=3	2
	1×3=3	3

→

全步	子	母
3		
	3	2
3÷3=1		

→

全步	子	母
3×2=6		
	3×2=6	2
1×2=2		

→

全步	子	母
6		
6÷2=3		
1×2=2		

除数 = 6+3+2=11

被除数 = 240×6 = 1440

田长 = $1440÷11=130\dfrac{10}{11}$ （步）

35

原文

【4-3】 今有田广一步半、三分步之一、四分步之一，求田一亩。问从几何？

答曰：一百三十步、五分步之一。

术曰：下有四分。以一为十二，半为六，三分之一为四，四分之一为三，并之得二十五，以为法。置田二百四十步，亦以一为一十二乘之，为实。实如法而一，得从步。

【4-3】 假设田宽是 $1 + \frac{1}{2} + \frac{1}{3} + \frac{1}{4}$ 步，要求计算出 1 亩这样的田地有多长。

答：田长应该是 $115\frac{1}{5}$ 步。

算法：列在最下方的分母是 4。按少广术通约将 1 化为 12，$\frac{1}{2}$ 化为 6，$\frac{1}{3}$ 化为 4，$\frac{1}{4}$ 化为 3，相加得 25，作为除数；田的面积平方步数是 240，用化 1 时所乘的 12 去乘它，作为被除数，用被除数除以除数，就可以求得田长的步数。

现代数学演示：

除数 $= 12+6+4+3 = 25$

被除数 $= 240 \times 12 = 2880$

田长 $= 2880 \div 25 = 115\frac{1}{5}$（步）

【4-4】 今有田广一步半、三分步之一、四分步之一、五分步之一，求田一亩。问从几何?

答曰：一百五步、一百三十七分步之一十五。

术曰：下有五分。以一为六十，半为三十，三分之一为二十，四分之一为一十五，五分之一为一十二，并之得一百三十七，以为法。置田二百四十步，亦以一为六十乘之，为实。实如法得从步。

38

【4-4】 假设田宽是 $1+\dfrac{1}{2}+\dfrac{1}{3}+\dfrac{1}{4}+\dfrac{1}{5}$ 步，要求计算出 1 亩这样的田地有多长。

答：田长应该是 $105\dfrac{15}{137}$ 步。

算法：列在最下方的分母是 5。按少广术通约将 1 化为 60，$\dfrac{1}{2}$ 化为 30，$\dfrac{1}{3}$ 化为 20，$\dfrac{1}{4}$ 化为 15，$\dfrac{1}{5}$ 化为 12，相加得 137，作为除数；田的面积平方步数是 240，用化 1 时所乘的 60 去乘它，作为被除数，用被除数除以除数，就可以求得田长的步数。

现代数学演示：

除数 $= 60+30+20+15+12 = 137$

被除数 $= 240 \times 60 = 14400$

田长 $= 14400 \div 137 = 105\dfrac{15}{137}$（步）

【4-5】 今有田广一步半、三分步之一、四分步之一、五分步之一、六分步之一，求田一亩。问从几何?

答曰：九十七步、四十九分步之四十七。

术曰：下有六分。以一为一百二十，半为六十，三分之一为四十，四分之一为三十，五分之一为二十四，六分之一为二十，并之得二百九十四，以为法。置田二百四十步，亦以一为一百二十乘之，为实。实如法得从步。

【4-5】 假设田宽是 $1+\dfrac{1}{2}+\dfrac{1}{3}+\dfrac{1}{4}+\dfrac{1}{5}+\dfrac{1}{6}$ 步，要求计算出 1 亩这样的田地有多长。

答：田长应该是 $97\dfrac{47}{49}$ 步。

算法：列在最下方的分母是6。按少广术通约将1化为120，$\dfrac{1}{2}$ 化为60，$\dfrac{1}{3}$ 化为40，$\dfrac{1}{4}$ 化为30，$\dfrac{1}{5}$ 化为24，$\dfrac{1}{6}$ 化为20，相加得294，作为除数；田的面积平方步数是240，用化1时所乘的120去乘它，作为被除数，用被除数除以除数，就可以求得田长的步数。

现代数学演示：

除数 $= 120+60+40+30+24+20 = 294$

被除数 $= 240×120 = 28800$

田长 $= 28800÷294 = 97\dfrac{47}{49}$（步）

商功

商功是计算体积和工程量的意思。本卷所有的题目都与体积的计算有关，如修建城垣、沟渠等的土方量及人工劳力的计算，这些内容都来自生活中的实际问题。

【5-1】 今有穿地，积一万尺。问：为坚、壤各几何？

答曰：为坚七千五百尺；为壤一万二千五百尺。

术曰：穿地四，为壤五，为坚三，为墟四。以穿地求壤，五之；求坚，三之，皆四而一。以壤求穿，四之；求坚，三之，皆五而一。以坚求穿，四之；求壤，五之，皆三而一。

城、垣、堤、沟、堑、渠，皆同术。

术曰：并上下广而半之，以高若深乘之，又以袤乘之，即积尺。

【5-1】 假设要挖地的体积是 10000 立方尺。问折合成坚土、松土，各要挖多少？

答：折合成坚土要挖 7500 立方尺；折合成松土要挖 12500 立方尺。

算法：各种土方体积的换算比例规定是挖地 4，松土 5，坚土 3，挖坑 4。把挖地折合成松土，要乘 5，再除以 4；折合成坚土，要乘 3，再除以 4。把松土折合成挖地（坑），要乘 4，再除以 5；折合成坚土，要乘 3，再除以 5。把坚土折合成挖地（坑），要乘 4，再除以 3；折合成松土，要乘 5，再除以 3。

城、垣、堤、沟、堑、渠，用的算法都相同。

算法：上、下的长度相加之和再除以 2，乘高或深，再乘长，就可以求得体积的立方尺数。

现代数学演示：

$$松土 = \frac{挖地 \times 5}{4}$$

$$坚土 = \frac{挖地 \times 3}{4}$$

$$挖地（坑） = \frac{松土 \times 4}{5}$$

$$坚土 = \frac{松土 \times 3}{5}$$

$$挖地（坑） = \frac{坚土 \times 4}{3}$$

$$松土 = \frac{坚土 \times 5}{3}$$

在上述题目中：

$$坚土 = \frac{挖地 \times 3}{4} = \frac{10000 \times 3}{4} = 7500（立方尺）$$

$$松土 = \frac{挖地 \times 5}{4} = \frac{10000 \times 5}{4} = 12500（立方尺）$$

【5-2】 今有城下广四丈，上广二丈，高五丈，袤一百二十六丈五尺。问积几何？

答曰：一百八十九万七千五百尺。

【5-3】 今有垣下广三尺，上广二尺，高一丈二尺，袤二十二丈五尺八寸。问积几何？

答曰：六千七百七十四尺。

【5-4】 今有堤下广二丈，上广八尺，高四尺，袤一十二丈七尺。问积几何？

答曰：七千一百一十二尺。

冬程人功四百四十四尺。问用徒几何？

答曰：一十六人、一百一十一分人之二。

术曰：以积尺为实，程功尺数为法，实如法而一，即用徒人数。

【5-2】 假设城墙的下部宽 4 丈，上部宽 2 丈，高 5 丈，长 126 丈 5 尺。问它的体积是多少？

答：体积是 1897500 立方尺。

【5-3】 假设土墙的下部宽 3 尺，上部宽 2 尺，高 1 丈 2 尺，长 22 丈 5 尺 8 寸。问它的体积是多少？

答：体积是 6774 立方尺。

【5-4】 假设堤坝的下部宽 2 丈，上部宽 8 尺，高 4 尺，长 12 丈 7 尺。问它的体积是多少？

答：体积是 7112 立方尺。

冬季规定每个人一天的标准工程量是 444 立方尺。问应该用多少个劳力？

答：应该用的劳力是 $16\frac{2}{111}$ 人。

算法：把体积的立方尺数作为被除数，每个劳力的标准工程量为除数，用被除数除以除数，就可以求得所需要的劳力人数。

现代数学演示：

【5-2】

$$城墙体积 = \frac{（上宽+下宽）}{2} \times 高 \times 长$$

$$= \frac{（20+40）}{2} \times 50 \times 1265$$

$$= 1897500（立方尺）$$

【5-3】

$$土墙体积 = \frac{（上宽+下宽）}{2} \times 高 \times 长$$

$$= \frac{（2+3）}{2} \times 12 \times 225.8$$

$$= 6774（立方尺）$$

【5-4】

$$堤坝体积 = \frac{（上宽+下宽）}{2} \times 高 \times 长$$

$$= \frac{（8+20）}{2} \times 4 \times 127$$

$$= 7112（立方尺）$$

$$冬季应该用劳力 = \frac{7112}{444} = 16\frac{2}{111}（人）$$

原文

【5-5】 今有沟上广一丈五尺，下广一丈，深五尺，袤七丈。问积几何？

答曰：四千三百七十五尺。

春程人功七百六十六尺，并出土功五分之一，定功六百一十二尺、五分尺之四。问用徒几何？

答曰：七人、三千六十四分人之四百二十七。

术曰：置本人功，去其五分之一，余为法；以沟积尺为实；实如法而一，得用徒人数。

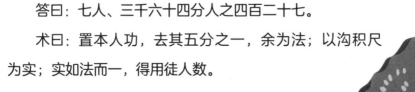

【5-5】 假设水沟的上部宽1丈5尺，下部宽1丈，深5尺，长7丈。问它的容积是多少？

答：容积是4375立方尺。

春季规定每个人一天的标准工程量是766立方尺，加上出土的工程量按 $\frac{1}{5}$ 折算，其标准工程量就是 $612\frac{4}{5}$ 立方尺。问应该用多少个劳力？

答：应该用的劳力是 $7\frac{427}{3064}$ 人。

算法：把原定每个人的标准工程量减去其 $\frac{1}{5}$，剩下的数作为除数；把水沟容积的立方尺数作为被除数，用被除数除以除数，就可以求得所需的劳力人数。

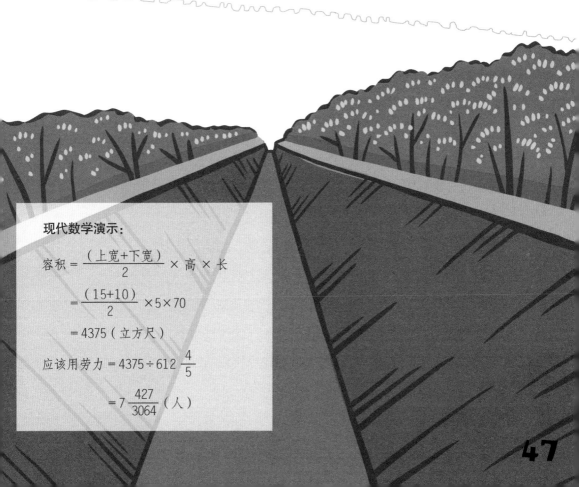

现代数学演示：

$$容积 = \frac{(上宽+下宽)}{2} \times 高 \times 长$$

$$= \frac{(15+10)}{2} \times 5 \times 70$$

$$= 4375（立方尺）$$

$$应该用劳力 = 4375 \div 612\frac{4}{5}$$

$$= 7\frac{427}{3064}（人）$$

【5-6】 今有堑上广一丈六尺三寸,下广一丈,深六尺三寸,
袤一十三丈二尺一寸。问积几何?

答曰:一万九百四十三尺八寸。

夏程人功八百七十一尺。并出土功五分之一,沙砾水石之功
作太半,定功二百三十二尺、一十五分尺之四。问用徒几何?

答曰:四十七人、三千四百八十四分人之四百九。

术曰:置本人功,去其出土功五分之一,又去沙砾水石之功
太半,余为法。以堑积尺为实。实如法而一,即用徒人数。

【5-6】 假设护城河的上部宽1丈6尺3寸，下部宽1丈，深6尺3寸，长13丈2尺1寸。问它的容积是多少？

答：容积是 10943.8 立方尺。

夏季规定每个人一天的标准工程量是 871 立方尺。加上出土的工程量按 $\frac{1}{5}$ 折算，砂砾水石的工程量取作 $\frac{2}{3}$ 计算，其标准工程量就是 $232\frac{4}{15}$ 立方尺。问应该用多少个劳力？

答：应该用的劳力是 $47\frac{409}{3484}$ 人。

算法：把原定每个人的标准工程量减去出土工作量 $\frac{1}{5}$，又减去砂砾水石的工作量 $\frac{2}{3}$，把余数作为除数；把护城河容积的立方尺数作为被除数，用被除数除以除数，就可以求得所需的劳力人数。

现代数学演示：

$$容积 = \frac{（上宽+下宽）}{2} \times 高 \times 长$$

$$= \frac{（16.3+10）}{2} \times 6.3 \times 132.1$$

$$\approx 10943.8（立方尺）$$

$$标准工程量 = 871 \times （1-\frac{1}{5}） \times （1-\frac{2}{3}）$$

$$= 232\frac{4}{15}（立方尺）$$

$$应该用劳力 = 10943.8 \div 232\frac{4}{15}$$

$$= 47\frac{409}{3484}（人）$$

提示：

太半是比一半多，这里作"2/3"理解。

【5-7】 今有穿渠上广一丈八尺，下广三尺六寸，深一丈八尺，袤五万一千八百二十四尺。问积几何？

答曰：一千七万四千五百八十五尺六寸。

秋程人功三百尺。问用徒几何？

答曰：三万三千五百八十二人。功内少一十四尺四寸。

一千人先到，问当受袤几何？

答曰：一百五十四丈三尺二寸、八十一分寸之八。

术曰：以一人功尺数，乘先到人数为实。并渠上下广而半之，以深乘之为法。实如法得袤尺。

【5-7】 假设要挖一条渠道，上部宽1丈8尺，下部宽3尺6寸，深1丈8尺，长51824尺。问它的容积是多少？

答：容积是10074585.6立方尺。

秋季规定每个人一天的标准工程量是300立方尺。问应该用多少个劳力？

答：应该用33582个劳力，但实际的工程总量比他们理论上能完成的工程总量少了14.4立方尺。

若先到1000人，问应承接的渠道长度是多少？

答：应承接的渠道长度是154丈3尺2$\frac{8}{81}$寸。

算法：用原定每个人的标准工程量去乘先到人数，作为被除数；渠道上、下宽度相加再除以2，再乘深度，作为除数，用被除数除以除数，就可以求得所需的劳力人数。

现代数学演示：

33582个劳力一天能完成的工程量 =33582×300=10074600（立方尺）

渠道的容积为10074585.6立方尺，比10074600少14.4立方尺。

1000人应承接的渠道长度

$$= \frac{1000人1天的工程量}{渠道横截面积}$$

$$= \frac{300 \times 1000}{\frac{(18+3.6) \times 18}{2}}$$

$$= \frac{125000}{81} 尺$$

$$=154丈3尺2\frac{8}{81}寸$$

均输

在《九章算术》中，根据田地与人户的多少计算赋税，根据道路的远近和负载的轻重计算运输费用，根据物价的差异计算平均数……这些问题都属于"均输"一章的内容。均输的意思是通过合理的比例分配，使徭役和赋税的负担公平合理。

原文

【6-1】 今有均输粟：甲县一万户，行道八日；乙县九千五百户，行道十日；丙县一万二千三百五十户，行道十三日；丁县一万二千二百户，行道二十日，各到输所。凡四县赋，当输二十五万斛，用车一万乘。欲以道里远近、户数多少衰出之。问粟、车各几何？

答曰：甲县粟八万三千一百斛，车三千三百二十四乘；乙县粟六万三千一百七十五斛，车二千五百二十七乘；丙县粟六万三千一百七十五斛，车二千五百二十七乘；丁县粟四万五百五十斛，车一千六百二十二乘。

术曰：令县户数各如其本行道日数而一，以为衰。甲衰一百二十五，乙、丙衰各九十五，丁衰六十一，副并为法。以赋粟车数乘未并者，各自为实。实如法得一车。有分者，上下辈之。以二十五斛乘车数，即粟数。

【6-1】 假设要均输粟，甲县有 10000 户，9500 户，路上要走 10 天；丙县有 12350 户，路上要走 8 天；乙县有 路上要走 20 天，各自都要运到送粮站。总共 4 个县的役赋，应该输送的 13 天；丁县有 12200 户，粟是 250000 斛，要用车 10000 辆。要根据道路的远近、户数的多少按比例摊派。问每个县要运的粟、出的车各是多少？

答：甲县要运粟 83100 斛，出车 3324 辆；乙县要运粟 63175 斛，出车 2527 辆；丙县要运粟 63175 斛，出车 2527 辆；丁县要运粟 40550 斛，出车 1622 辆。

算法：用每个县的户数除以各自的行路天数，作为分配比数。甲的比数是 125，乙、丙的比数都是 95，丁的比数是 61，把这几个数的和作为除数；用送粟的总车数去乘各自比数，作为被除数，用被除数除以除数，就可以得到每个县的车数。答案有分数时，上下调配使每个县都变为整数。用每车能装的斛数 25 去乘出车数，就可以求得运粟的数量。

现代数学演示：

甲县车数 = $\dfrac{125 \times 10000}{125+95+95+61}$ = $3324\dfrac{22}{47}$（车）

车数取整 = 3324（车）

甲县斛数 = 车数 × 每车斛数 = $3324 \times \dfrac{250000}{10000}$ = 83100（斛）

乙、丙、丁县计算方法以此类推。

【6-2】 今有均输卒：甲县一千二百人，薄塞；乙县一千五百五十人，行道一日；丙县一千二百八十人，行道二日；丁县九百九十人，行道三日；戊县一千七百五十人，行道五日。凡五县赋，输卒一月一千二百人。欲以远近、人数，多少衰出之。问县各几何？

答曰：甲县二百二十九人；乙县二百八十六人；丙县二百二十八人；丁县一百七十一人；戊县二百八十六人。

术曰：令县卒，各如其居所及行道日数而一，以为衰。甲衰四，乙衰五，丙衰四，丁衰三，戊衰五，副并为法；以人数乘未并者各自为实。实如法而一。有分者，上下辈之。

【6-2】 假设要均输役卒：甲县有1200人，靠近边塞；乙县有1550人，路上需要走1天；丙县有1280人，路上需要走2天；丁县有990人，要走3天；戊县有1750人，路上需要走5天。总共这5个县的役赋，应当输送役卒1200人，役期是1个月。要依据道路的远近、人数的多少按比例摊派。问每个县要输送的役卒是多少人？

答：甲县要输送役卒229人；乙县要输送役卒286人；丙县要输送役卒228人；丁县要输送役卒171人；戊县要输送役卒286人。

算法：用每个县的人数，分别除以各自的役期与行路天数之和，作为分配比数。甲的比数是4，乙的比数是5，丙的比数是4，丁的比数是3，戊的比数是5，把它们的和作为除数；用要输送的役卒总数乘各自的比数作为被除数，用被除数除以除数，就可以得到每个县应该输送役卒的人数。答案有分数时，上下调配使每个县都变为整数。

现代数学演示：

$$甲县输送役卒人数 = \frac{4 \times 1200}{4+5+4+3+5} = 228\frac{4}{7}（人）$$

人数取整 = 229（人）

乙、丙、丁、戊县计算方法以此类推。

55

【6-3】 今有均赋粟：甲县二万五百二十户，粟一斛二十钱，自输其县；乙县一万二千三百一十二户，粟一斛一十钱，至输所二百里；丙县七千一百八十二户，粟一斛一十二钱，至输所一百五十里；丁县一万三千三百三十八户，粟一斛一十七钱，至输所二百五十里；戊县五千一百三十户，粟一斛一十三钱，至输所一百五十里。凡五县赋，输粟一万斛。一车载二十五斛，与僦一里一钱。欲以县户赋粟，令费劳等。问县各粟几何？

答曰：甲县三千五百七十一斛、二千八百七十三分斛之五百一十七；乙县二千三百八十斛、二千八百七十三分斛之二千二百六十；丙县一千三百八十八斛、二千八百七十三分斛之二千二百七十六；丁县一千七百一十九斛、二千八百七十三分斛之一千三百一十三；戊县九百三十九斛、二千八百七十三分斛之二千二百五十三。

术曰：以一里僦价乘至输所里，以一车二十五斛除之，加以斛粟价，则致一斛之费。各以约其户数，为衰。甲衰一千二十六，乙衰六百八十四，丙衰三百九十九，丁衰四百九十四，戊衰二百七十。副并为法。所赋粟乘未并者，各自为实。实如法得一。

【6-3】 假设要均摊赋粟：甲县有 20520 户，1 斛粟价值 20 钱，自行输送到本县；乙县有 12312 户，1 斛粟价值 10 钱，到输送地的距离是 200 里；丙县有 7182 户，1 斛粟价值 12 钱，到输送地的距离是 150 里；丁县有 13338 户，1 斛粟价值 17 钱，到输送地的距离是 250 里；戊县有 5130 户，1 斛粟价值 13 钱，到输送地的距离是 150 里。总共这 5 县的赋税，应当输送粟 10000 斛。1 车可装 25 斛粟，付的运费每 1 里是 1 钱。要按照各县户数的多少输送赋粟，使其耗费均等。问每个县要输送的粟是多少？

答：甲县应当输送粟 $3571\frac{517}{2873}$ 斛；乙县应当输送粟 $2380\frac{2260}{2873}$ 斛；丙县应当输送粟 $1388\frac{2276}{2873}$ 斛；丁县应当输送粟 $1719\frac{1313}{2873}$ 斛；戊县应当输送粟 $939\frac{2253}{2873}$ 斛。

算法：用 1 里的运费去乘到输送地的里数，除以 1 车能装的斛数 25，再加 1 斛粟的价钱，则可得出送达 1 斛粟所需要的费用。用每个县的户数分别除以它们，所得结果作为分配比数。甲的比数是 1026，乙的比数是 684，丙的比数是 399，丁的比数是 494，戊的比数是 270。把它们的和作为除数；用所有赋粟去乘各自的比数，作为被除数，用被除数除以除数，就可以求得每个县应当输送多少粟。

现代数学演示：

甲的分配比数 =20520÷20=1026

乙的分配比数 $=12312÷\left(\frac{1×200}{25}+10\right)=684$

丙的分配比数 $=7182÷\left(\frac{1×150}{25}+12\right)=399$

丁的分配比数 $=13338÷\left(\frac{1×250}{25}+17\right)=494$

戊的分配比数 $=5130÷\left(\frac{1×150}{25}+13\right)=270$

甲县输送粟 $=\dfrac{1026×10000}{1026+684+399+494+270}=3571\frac{517}{2873}$（斛）

乙县输送粟 $=\dfrac{684×10000}{1026+684+399+494+270}=2380\frac{2260}{2873}$（斛）

丙、丁、戊县计算方法以此类推。

盈不足

盈是盈余的意思，不足是亏损的意思，盈不足术是中国古代用来解决盈亏类问题的数学方法。

在西方，盈不足术被称为"双假设法"，也就是对任何数学问题，先假设一个数为答案，验算其解是否合理。如果相合，它就是问题的解；如果有盈余，或有不足，再次通过假设验算求得准确答案。

原文

【7-1】 今有共买物，人出八，盈三；人出七，不足四。问人数、物价各几何？

答曰：七人；物价五十三。

【7-2】 今有共买鸡，人出九，盈一十一；人出六，不足十六。问人数、鸡价各几何？

答曰：九人；鸡价七十。

【7-3】 今有共买琎，人出半，盈四；人出少半，不足三。问人数、琎价各几何？

答曰：四十二人；琎价十七。

【7-1】 假设有人合伙买物，每人出 8 钱，盈余 3 钱；每人出 7 钱，不足 4 钱。问人数、物价各是多少？

答：7 人；物价是 53 钱。

【7-2】 假设有人合伙买鸡，每人出 9 钱，盈余 11 钱；每人出 6 钱，不足 16 钱。问人数、鸡价各是多少？

答：9 人；鸡价是 70 钱。

【7-3】 假设有人合伙买琎石，每人出 $\frac{1}{2}$ 钱，盈余 4 钱；每人出 $\frac{1}{3}$ 钱，不足 3 钱。问人数、琎价各是多少？

答：42 人；琎价是 17 钱。

现代数学演示：

【7-1】 被除数 $= 3 \times 7 + 4 \times 8 = 53$

除数 $= 3 + 4 = 7$

每人出钱 $= \frac{53}{7}$（钱）

物价 $= 53 \div (8 - 7) = 53$（钱）

人数 $= 7 \div (8 - 7) = 7$（人）

原文

【7-4】　今有共买牛，七家共出一百九十，不足三百三十；九家共出二百七十，盈三十。问家数、牛价各几何？

答曰：一百二十六家；牛价三千七百五十。

盈不足术曰：置所出率，盈、不足各居其下。令维乘所出率，并，以为实；并盈、不足为法；实如法而一。有分者，通之。盈不足相与同其买物者，置所出率，以少减多，余以约法、实。实为物价，法为人数。

其一术曰：并盈、不足为实。以所出率以少减多，余为法。实如法得一人。以所出率乘之，减盈、增不足即物价。

【7-4】 假设有人合伙买牛，每7家共出190钱，不足330钱；每9家共出270钱，盈余30钱。问家数、牛价各是多少？

答：126家；牛价是3750钱。

盈不足算法：写下所出率，把盈余和不足分别写在它们的下面。用盈余和不足的数，去交叉相乘所出率，得到的结果再相加，作为被除数；盈余和不足的数相加作为除数，用被除数除以除数，就可以求得每人应该出的钱数。如果有分数，则进行通分。盈不足的假设要是与"共买物"问题相关，就用所出率中的大数减去小数，得到一个余数。用前面所说的被除数除以这个余数，可求得物价；用前面所说的除数除以这个余数，可求得人数。

另一种算法：把盈余和不足的数相加，作为被除数；用所出率的大数减去小数，余数作为除数。用被除数除以除数，就可以求得人数；用所出率去乘人数，再减去盈余数或加上不足的数，就可以求得物价。

现代数学演示（第一种算法）：

被除数 $= \dfrac{190}{7} \times 30 + \dfrac{270}{9} \times 330 = \dfrac{75000}{7}$

除数 $= 330 + 30 = 360$

每家出钱 $= \dfrac{75000}{7} \div 360 = \dfrac{625}{21}$（钱）

牛价 $= \dfrac{75000}{7} \div (\dfrac{270}{9} - \dfrac{190}{7}) = 3750$（钱）

家数 $= 360 \div (\dfrac{270}{9} - \dfrac{190}{7}) = 126$（家）

提示：

每7家共出190钱，所出率为 $\dfrac{190}{7}$。

每9家共出270钱，所出率为 $\dfrac{270}{9}$。

所出率	$\dfrac{190}{7}$	$\dfrac{270}{9}$
盈不足	330（不足）	30（盈）

原文

【7-5】 今有共买金，人出四百，盈三千四百；人出三百，盈一百。问人数、金价各几何？

答曰：三十三人；金价九千八百。

【7-6】 今有共买羊，人出五，不足四十五；人出七，不足三。问人数、羊价各几何？

答曰：二十一人；羊价一百五十。

两盈、两不足术曰：置所出率，盈、不足各居其下。令维乘所出率，以少减多，余为实；两盈、两不足以少减多，余为法；实如法而一。有分者，通之。两盈、两不足相与同其买物者，置所出率，以少减多，余以约法、实。实为物价，法为人数。

其一术曰：置所出率，以少减多，余为法；两盈、两不足，以少减多，余为实；实如法而一得人数。以所出率乘之，减盈、增不足，即物价。

【7-5】 假设有人合伙买金，每人出 400 钱，盈余 3400 钱；每人出 300 钱，盈余 100 钱。问人数、金价各是多少？

答：33 人；金价是 9800 钱。

【7-6】 假设有人合伙买羊，每人出 5 钱，不足 45 钱；每人出 7 钱，不足 3 钱。问人数、羊价各是多少？

答：21 人；羊价是 150 钱。

两盈或两不足算法：写下所出率，把盈余或不足分别写在它们的下面。将盈余或不足交叉相乘所出率，结果再用大数减去小数，余数作为被除数；两盈或两不足的数用大数减去小数，余数作为除数，用被除数除以除数，就可以求得每人应出钱数。如果有分数，就进行通分。两盈或两不足的假设如果与"共买物"问题相关，就用所出率的大数减去小数，得到一个余数；用前面所说的被除数除以这个余数，可求得物价；用前面所说的除数除以这个余数，可求得人数。

另一种算法：用所出率的大数减去小数，余数作为除数；用两盈或两不足的大数减去小数，余数作为被除数，被除数除以除数，可求得人数。用所出率去乘所得人数，再减去盈余数或加上不足的数，就可以求得物价。

提示：

所出率	400	300
盈不足	3400（盈）	100（盈）

现代数学演示：

【7-5】 被除数 =（300×3400）-（400×100）= 980000

除数 = 3400 - 100 = 3300

每人出钱 = 980000 ÷ 3300 = $\frac{9800}{33}$（钱）

金价 = 980000 ÷（400-300）= 9800（钱）

人数 = 3300 ÷（400-300）= 33（人）

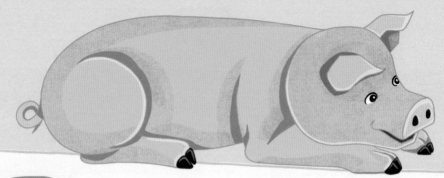

【7-7】 今有共买豕^{shǐ}，人出一百，盈一百；人出九十，适足。问人数、豕价各几何？

答曰：一十人；豕价九百。

【7-8】 今有共买犬，人出五，不足九十；人出五十，适足。问人数、犬价各几何？

答曰：二人；犬价一百。

盈、适足，不足、适足术曰：以盈及不足之数为实；置所出率，以少减多，余为法；实如法得一人。其求物价者，以适足乘人数得物价。

提示：

所出率	100	90
盈不足	100（盈）	0

现代数学演示：

【7-7】 人数＝100÷（100－90）＝10（人）

猪价＝90×10＝900（钱）

【7-7】 假设有人合伙买猪，每人出100钱，盈余100钱；每人出90钱，正好。问人数、猪价各是多少？

答：10人；猪价是900钱。

【7-8】 假设有人合伙买犬，每人出5钱，不足90钱；每人出50钱，正好。问人数、犬价各是多少？

答：2人；犬价是100钱。

盈、正好或不足、正好算法：把盈余或不足的数作为被除数；所出率的大数减去小数，余数作为除数，用被除数除以除数，就可以求得人数。用正好之数去乘人数，就可以求出物价了。

65

原文

【7-9】 今有米在十斗桶中，不知其数。满中添粟
而舂之，得米七斗。问故米几何？

答曰：二斗五升。

术曰：以盈不足术求之。假令故米二斗，不足二升；
令之三斗，有余二升。

【7-9】 假设有米被装在容积为 10 斗的桶中，但不知道米的斗数。往桶里加粟使桶变满，然后再舂，可以得到 7 斗米。问原来有多少米?

答：原来有 2 斗 5 升米。

算法：用盈不足算法求解。假设原来有 2 斗米，则不足 2 升；假设原来有 3 斗米，则余下 2 升。

提示：

假设原来有 2 斗米，则需要加 8 斗粟才能满一桶。8 斗粟舂后能得粝米 4 斗 8 升（换算方法见卷二）；加上原来的 2 斗米，共计 6 斗 8 升，相比 7 斗则少 2 升。

假设原来有 3 斗米，则需要加 7 斗粟才能满一桶。7 斗粟舂后能得粝米 4 斗 2 升；加上原来的 3 斗米，共计 7 斗 2 升，相比 7 斗则盈余 2 升。

所出率	2 斗	3 斗
盈不足	0.2 斗（不足）	0.2 斗（盈）

现代数学演示：

被除数 $= 2 \times 0.2 + 3 \times 0.2 = 1$

除数 $= 0.2 + 0.2 = 0.4$

原来有米 $= 1 \div 0.4 = 2.5$（斗）

方程

方，方程的意思；程，与禾谷有关，古代有"度量衡标准"的含义，《九章算术》中，"方程"一章主要讨论的是通过方程组解决多个未知数的问题，同时还涉及计算禾的产量问题，取上、中、下三等禾统计产量，将每个等级的谷穗数量和产量数值自上而下排成竖行，记录下来，称为一程。方程的意思就是将每次记录结果并列起来，考察其度量标准。

【8-1】 今有上禾三秉，中禾二秉，下禾一秉，实三十九斗；上禾二秉，中禾三秉，下禾一秉，实三十四斗；上禾一秉，中禾二秉，下禾三秉，实二十六斗。问上、中、下禾实一秉各几何？

答曰：上禾一秉，九斗、四分斗之一；中禾一秉，四斗、四分斗之一；下禾一秉，二斗、四分斗之三。

【8-1】　假设有 3 束上禾，2 束中禾，1 束下禾，得稻谷 39 斗；2 束上禾，3 束中禾，1 束下禾，得稻谷 34 斗；1 束上禾，2 束中禾，3 束下禾，得稻谷 26 斗。问上、中、下禾每 1 束分别能得多少稻谷？

答：每 1 束上禾得 $9\dfrac{1}{4}$ 斗稻谷；每 1 束中禾得 $4\dfrac{1}{4}$ 斗稻谷；每 1 束下禾得 $2\dfrac{3}{4}$ 斗稻谷。

方程术曰：置上禾三秉，中禾二秉，下禾一秉，实三十九斗，于右方。中、左禾列如右方。以右行上禾遍乘中行而以直除。又乘其次，亦以直除。然以中行中禾不尽者遍乘左行而以直除。左方下禾不尽者，上为法，下为实。实即下禾之实。求中禾，以法乘中行下实，而除下禾之实。余如中禾秉数而一，即中禾之实。求上禾亦以法乘右行下实，而除下禾、中禾之实。余如上禾秉数而一，即上禾之实。实皆如法，各得一斗。

现代数学演示：

上禾	1	2	3
中禾	2	3	2
下禾	3	1	1
稻谷	26	34	39

上禾	1	6	3
中禾	2	9	2
下禾	3	3	1
稻谷	26	102	39

用右列上禾束数 3，去乘中列所有的数。

上禾	1	0	3
中禾	2	5	2
下禾	3	1	1
稻谷	26	24	39

直除：中列各数减去右列各数的 2 倍。

上禾	3	0	3
中禾	6	5	2
下禾	9	1	1
稻谷	78	24	39

用右列上禾束数 3，去乘左列所有的数。

上禾	0	0	3
中禾	4	5	2
下禾	8	1	1
稻谷	39	24	39

直除：左列各数减去右列各数的 1 倍。

上禾	0	0	3
中禾	20	5	2
下禾	40	1	1
稻谷	195	24	39

用中列的 5 去乘左列所有的数。

上禾	0	0	3
中禾	0	5	2
下禾	36	1	1
稻谷	99	24	39

直除：用左列各数减去中列各数的 4 倍。99÷36 即可得出下禾每束得稻谷 $2\frac{3}{4}$ 斗。

上禾	0	0	3
中禾	0	5×36	2
下禾	36	1×36	1
稻谷	99	24×36	39

求中禾，用 36 去乘中列的所有数。

上禾	0	0	3
中禾	0	5×36	2
下禾	36	0	1
稻谷	99	765	39

用中列的稻谷数减去下禾 36 束对应的稻谷数 99，24×36-99=765。

方程算法：取上禾束数 3，中禾束数 2，下禾束数 1，稻谷斗数 39，写在右边。中、左两列也仿照右边写。用右列上禾的数去乘中列各数而相"直除"（又叫直减，用数字大的列减去数字小的列或其适当倍数，使第一个数变成 0）。再同样遍乘下一列而相"直除"。然后用中列中禾没减尽的数去乘左列各数再"直除"。左列下禾没有减完的数，它的束数作为除数，下面的稻谷数作为被除数。用被除数除以除数，就可以求得每束下禾能得到的稻谷。求中禾，用左列下禾束数乘中列下面的稻谷数，再减去其中下禾对应的稻谷数，余数除以中禾束数，就可以求得每束中禾能得到的稻谷。求上禾，也用中列中禾束数去乘右列下面的稻谷数，再减去其中下禾、中禾对应的稻谷数，余数除以上禾束数，就可以求得每束上禾能得到的稻谷。如果用所得的稻谷分别除以每束对应的稻谷斗数，就可以求出有多少斗。

上禾	0	0	3
中禾	0	36	2
下禾	36	0	1
稻谷	99	153	39

中列束数和稻谷数约分。153÷36 即可得出中禾每束得稻谷 $4\frac{1}{4}$ 斗。

上禾	0	0	3×36
中禾	0	36	2×36
下禾	36	0	1×36
稻谷	99	153	39×36

求上禾，用 36 去乘右列的所有数。

上禾	0	0	3×36
中禾	0	36	0
下禾	36	0	0
稻谷	99	153	999

用右列的稻谷数减去下禾 36 束、中禾 72 束对应的稻谷数，39×36-99-153×2=999。

上禾	0	0	36
中禾	0	36	0
下禾	36	0	0
稻谷	99	153	333

右列束数和稻谷数约去 3。333÷36 即可得出下禾每束得稻谷 $9\frac{1}{4}$ 斗。

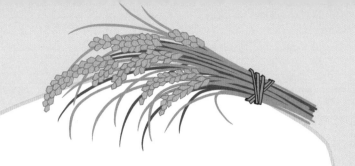

【8-2】 今有上禾七秉，损实一斗，益之下禾二秉，而实一十斗；下禾八秉，益实一斗与上禾二秉，而实一十斗。问上、下禾实一秉各几何？

答曰：上禾一秉实一斗、五十二分斗之一十八；下禾一秉实五十二分斗之四十一。

术曰：如方程，损之曰益，益之曰损。损实一斗者，其实过一十斗也。益实一斗者，其实不满一十斗也。

【8-2】 假设有 7 束上禾，减少 1 斗稻谷，再给它增加 2 束下禾，则得到 10 斗稻谷；8 束下禾，给它增加 1 斗稻谷及 2 束上禾，则得到 10 斗稻谷。问上、下禾每 1 束分别能得到多少稻谷？

答：每 1 束上禾得 $1\frac{18}{52}$ 斗稻谷；每 1 束下禾得 $\frac{41}{52}$ 斗稻谷。

算法：以"方程"术推算，在列"方程"折算下面的稻谷时，题中说的减少之数对应下面的稻谷则应增加，题中说的增加之数对应下面的稻谷则应减去。所谓减少 1 斗稻谷，就是它的稻谷超过了 10 斗。而增加 1 斗稻谷，就是它的稻谷不满 10 斗。

现代数学列方程解法：

解：设上禾每 1 束得 x 斗稻谷，下禾每 1 束得 y 斗稻谷，根据题意可列出方程组：

$$\begin{cases} 7x-1+2y=10 \\ 8y+1+2x=10 \end{cases}$$

解此方程组，即可得出上、下禾每 1 束各得多少稻谷。

原文

【8-3】 今有上禾二秉，中禾三秉，下禾四秉，实皆不满斗；上取中，中取下，下取上各一秉而实满斗。问上、中、下禾实一秉各几何？

答曰：上禾一秉实二十五分斗之九；中禾一秉实二十五分斗之七；下禾一秉实二十五分斗之四。

术曰：如方程，各置所取，以正负术入之。

正负术曰：同名相除，异名相益，正无入负之，负无入正之。其异名相除，同名相益，正无入正之，负无入负之。

现代数学演示：

上禾	1	0	2
中禾	0	3	1
下禾	4	1	0
稻谷	1	1	1

→

上禾	2	0	2
中禾	0	3	1
下禾	8	1	0
稻谷	2	1	1

用右列上禾束数 2，去乘左列所有的数。

→

上禾	0	0	2
中禾	−1	3	1
下禾	8	1	0
稻谷	1	1	1

用左列各数减去右列各数。

上禾	0	0	2
中禾	−3	3	1
下禾	24	1	0
稻谷	3	1	1

用中列中禾束数 3，去乘左列所有的数。

→

上禾	0	0	2
中禾	0	3	1
下禾	25	1	0
稻谷	4	1	1

用左列各数加上中列各数。

→

上禾	0	0	2
中禾	0	75	1
下禾	25	25	0
稻谷	4	25	1

用左列下禾束数 25 去乘中列所有的数。

【8-3】 假设有 2 束上禾，或 3 束中禾，或 4 束下禾，它们的稻谷都不到 1 斗；如果在上禾里加 1 束中禾，在中禾里加 1 束下禾，在下禾里加 1 束上禾，则它们的稻谷正好满 1 斗。问上、中、下禾每 1 束分别能得到多少稻谷？

答：上禾每 1 束得 $\frac{9}{25}$ 斗稻谷；中禾每 1 束得 $\frac{7}{25}$ 斗稻谷；下禾每 1 束得 $\frac{4}{25}$ 斗稻谷。

算法：仿照"方程"算法，写出禾、稻谷的数，用正负算法来推算。

正负算法：同号两数相减，把绝对值相减；异号两数相减，把绝对值相加。零减正数得负数，零减负数得正数。异号两数相加，把绝对值相减；同号两数相加，把绝对值相加。正数与零相加得正数，负数与零相加得负数。

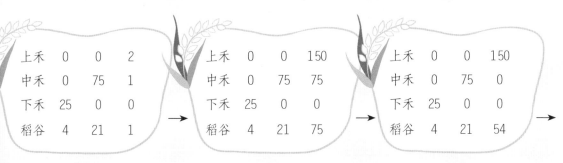

上禾	0	0	2
中禾	0	75	1
下禾	25	0	0
稻谷	4	21	1

用中列各数减去左列各数。

上禾	0	0	150
中禾	0	75	75
下禾	25	0	0
稻谷	4	21	75

用中列中禾束数 75 去乘右列所有的数。

上禾	0	0	150
中禾	0	75	0
下禾	25	0	0
稻谷	4	21	54

用右列各数减去中列各数。

上禾	0	0	1
中禾	0	1	0
下禾	1	0	0
稻谷	$\frac{4}{25}$	$\frac{21}{75}=\frac{7}{25}$	$\frac{54}{150}=\frac{9}{25}$

用各列的稻谷数除以剩下的禾的束数，可分别得出下禾、中禾、上禾每 1 束可得多少稻谷。

【8-4】　今有上禾五秉，损实一斗一升，当下禾七秉；上禾七秉，损实二斗五升，当下禾五秉。问上、下禾实一秉各几何？

答曰：上禾一秉五升；下禾一秉二升。

术曰：如方程，置上禾一秉正，下禾七秉负，损实一斗一升正。次置上禾七秉正，下禾五秉负，损实二斗五升正。以正负术入之。

【8-4】 假设有 5 束上禾，减少 1 斗 1 升稻谷，与 7 束下禾相当；7 束上禾，减少 2 斗 5 升稻谷，与 5 束下禾相当。问上、下禾每 1 束分别能得到多少稻谷？

答：上禾每 1 束得 5 升稻谷；下禾每 1 束得 2 升稻谷。

算法：仿照"方程"算法，右列写出上禾束数"+5"，下禾束数"−7"，减少稻谷的升数"+11"；左列写出上禾束数"+7"，下禾束数"−5"，减少稻谷的升数"+25"。用正负算法来推算。

现代数学列方程解法：

解：设上禾每 1 束得 x 升稻谷，下禾每 1 束得 y 升稻谷，根据题意可列出方程组：

$$\begin{cases} 5x-11=7y \\ 7x-25=5y \end{cases}$$

解此方程组，即可得出上、下禾每 1 束各得多少稻谷。

勾股

在古代，直角三角形的两条直角边分别被称为勾、股（短的叫勾，长的叫股），斜边被称为弦。本卷主要讲述了以测量问题为中心的直角三角形三边互求，是中国古代最早的具有系统性的勾股理论。

原文

【9-1】 今有勾三尺，股四尺，问为弦几何？

答曰：五尺。

【9-2】 今有弦五尺，勾三尺，问为股几何？

答曰：四尺。

【9-3】 今有股四尺，弦五尺，问为勾几何？

答曰：三尺。

勾股术曰：勾股各自乘，并而开方除之，即弦。

又股自乘，以减弦自乘，其余开方除之，即勾。

又勾自乘，以减弦自乘，其余开方除之，即股。

【9-1】 假设勾的长度是3尺，股的长度是4尺，问弦的长度是多少？

答：5尺。

【9-2】 假设弦的长度是5尺，勾的长度是3尺，问股的长度是多少？

答：4尺。

【9-3】 假设股的长度是4尺，弦的长度是5尺，问勾的长度是多少？

答：3尺。

勾股算法：勾、股各自乘自己，相加的结果再开平方，就得到弦长。

另外：弦乘自己，减去股乘自己，余数开平方，就得到勾长。

另外：弦乘自己，减去勾乘自己，余数开平方，就得到股长。

提示：

$$勾^2 + 股^2 = 弦^2$$

$$弦 = \sqrt{勾^2 + 股^2}$$

$$股 = \sqrt{弦^2 - 勾^2}$$

$$勾 = \sqrt{弦^2 - 股^2}$$

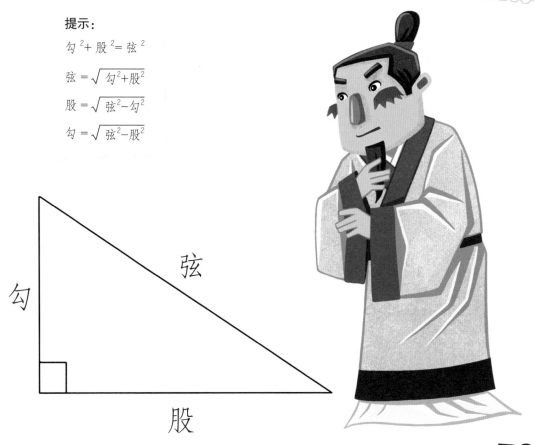

【9-4】 今有圆材径二尺五寸,欲为方版,令厚七寸。问广几何?

答曰:二尺四寸。

术曰:令径二尺五寸自乘,以七寸自乘减之,其余开方除之,即广。

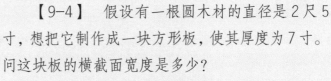

【9-4】 假设有一根圆木材的直径是2尺5寸，想把它制作成一块方形板，使其厚度为7寸。问这块板的横截面宽度是多少？

答：板的横截面宽度是2尺4寸。

算法：用直径2尺5寸乘自己，减去7寸乘自己，余数开平方，就可以求得板的宽度。

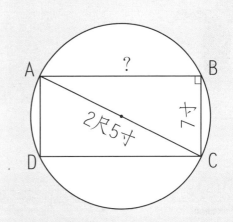

提示：

将圆木材制作成一个方形板，假设方形板横截面的四个顶点为 A、B、C、D，那么 AC 的连线就经过圆木材的圆心，所以 AC 的长度等于圆木材的直径，也就是2尺5寸，BC 的长度是方板的厚度7寸，求 AB 的长度，则

$$AB 长度 = \sqrt{AC^2 - BC^2}$$

【9-5】 今有木长二丈，围之三尺。葛生其下，缠木七周，上与木齐。问葛长几何？

答曰：二丈九尺。

术曰：以七周乘之围为股，木长为勾，为之求弦。弦者，葛之长。

【9-5】 假设有一根圆木长2丈，周长为3尺。它下面长着一株葛，在圆木上缠了7周，上面与圆木的高度一样。问葛的长度是多少？

答：葛的长度是2丈9尺。

算法：用周数7乘周长3尺作为股，圆木的长度作为勾，由此来求弦。弦的长度就是葛的长度。

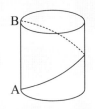
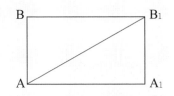
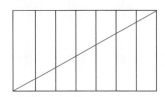

提示：

当葛从圆木底部的A点出发，绕木一周后来到B点，将AB段的圆木表面展开，可以得到一个长方形，一条直角边是AB的长度，另一条直角边是圆木的周长，而绳子的长度就是长方形对角线的长度。题中的葛在圆木上缠了7周，所以将圆木表面展开7次，就可以得到一个大长方形，一条直角边是圆木的长度，另一条直角边是圆木的周长乘7，对角线的长度就是葛的长度。

葛的长度 $= \sqrt{20^2 + (3 \times 7)^2}$

$= 29$（尺）

$= 2$丈9尺

83

原文

【9-6】 今有池方一丈，葭生其中央，出水一尺。引葭赴岸，适与岸齐。问水深、葭长各几何？

答曰：水深一丈二尺；葭长一丈三尺。

术曰：半池方自乘，以出水一尺自乘，减之，余，倍出水除之，即得水深。加出水数，得葭长。

现代数学演示：

根据题意，可知其解法为

$$水深 = \frac{5^2 - 1^2}{2 \times 1}$$
$$= 12 \ (尺)$$
$$= 1 \ 丈 \ 2 \ 尺$$

【9-6】 假设有一个边长 1 丈的正方形水池，中央生长着初生的芦苇，露出水面的部分有 1 尺长。把芦苇往池边拉，正好与岸齐平。问水深、芦苇长度各是多少？

答：水深 1 丈 2 尺；芦苇长 1 丈 3 尺。

算法：用水池边长的一半乘自己，用"出水"的长度 1 尺乘自己，再相减，余数除以 2 倍出水数，即可得到水深。再加上出水尺数，就得到芦苇的长度。